道路交通安全违法行为处理程序规定

附：道路交通安全违法行为处理法律文书（式样）

中国法制出版社

道路交通安全违法行为处理程序规定

DAOLU JIAOTONG ANQUAN WEIFA XINGWEI CHULI CHENGXU GUIDING

经销/新华书店

印刷/保定市中画美凯印刷有限公司

开本/850 毫米×1168 毫米　32 开　　印张/2.5　字数/38 千

版次/2020 年 4 月第 1 版　　2025 年 5 月第 6 次印刷

中国法制出版社出版

书号 ISBN 978-7-5216-1006-2　　定价：10.00 元

北京市西城区西便门西里甲 16 号西便门办公区

邮政编码：100053　　传真：010-63141600

网址：http：//www.zgfzs.com　　编辑部电话：010-63141673

市场营销部电话：010-63141612　　印务部电话：010-63141606

（如有印装质量问题，请与本社印务部联系。）

目　　录

中华人民共和国公安部令

第 157 号

《公安部关于修改〈道路交通安全违法行为处理程序规定〉的决定》已经 2020 年 2 月 12 日公安部部务会议通过，现予发布，自 2020 年 5 月 1 日起施行。

部长　赵克志

2020 年 4 月 7 日

公安部关于修改《道路交通安全违法行为处理程序规定》的决定

为进一步规范和完善道路交通安全违法行为处理程序，公安部决定对《道路交通安全违法行为处理程序规定》的部分条款作如下修改：

一、将第五条修改为："违法行为人可以在违法行为发生地、机动车登记地或者其他任意地公安机关交通管理部门处理交通技术监控设备记录的违法行为。

"违法行为人在违法行为发生地以外的地方（以下简称处理地）处理交通技术监控设备记录的违法行为的，处理地公安机关交通管理部门可以协助违法行为发生地公安机关交通管理部门调查违法事实、代为送达法律文书、代为履行处罚告知程序，由违法行为发生地公安机关交通管理部门按照发生地标准作出处罚决定。

"违法行为人或者机动车所有人、管理人对交通技术监控设备记录的违法行为事实有异议的，可以通过公安机关交通管理部门互联网站、移动互联网应用程序或者违法行为处理窗口向公安机关交通管理部门提出。处理地公安机关交通管理部门应当在收到当事人申请后当日，通过道路交通违法信息管理系统通知违法行为发生地公安机关交通管理部门。违法行为发生地公安机关交通管理部门应当在五日内予以审查，异议成立的，予以消除；异议不成立的，告知当事人。”

二、将第十五条修改为：“公安机关交通管理部门可以利用交通技术监控设备、执法记录设备收集、固定违法行为证据。

“交通技术监控设备、执法记录设备应当符合国家标准或者行业标准，需要认定、检定的交通技术监控设备应当经认定、检定合格后，方可用于收集、固定违法行为证据。

“交通技术监控设备应当定期维护、保养、检测，保持功能完好。”

三、将第十九条修改为：“交通技术监控设备收集违法行为记录资料后五日内，违法行为发生地公安机关交通管理部门应当对记录内容进行审核，经审核无误后录入道路交通违法信息管理系统，作为处罚违法行为的证据。”

四、将第二十条修改为：“交通技术监控设备记录的违法行为信息录入道路交通违法信息管理系统后当日，违法行为发生地和机动车登记地公安机关交通管理部门应当向社会提供查询。违法行为发生地公安机关交通管理部门应当在违法行为信息录入道路交通违法信息管理系统后五日内，按照机动车备案信息中的联系方式，通过移动互联网应用程序、手机短信或者邮寄等方式将违法时间、地点、事实通知违法行为人或者机动车所有人、管理人，并告知其在三十日内接受处理。

“公安机关交通管理部门应当在违法行为人或者机动车所有人、管理人处理违法行为和交通事故、办理机动车或者驾驶证业务时，书面确认违法行为人或者机动车所有人、管理人的联系方式和法律文书送达方式，并告知其可以通过公安机关交通管理部门互联网站、移动互联网应用程序等方式备案或者变更联系方式、法律文书送达方式。”

五、增加一条，作为第二十一条：“对交通技术监控设备记录的违法行为信息，经核查能够确定实际驾驶人的，公安机关交通管理部门可以在道路交通违法信息管理系统中将其记录为实际驾驶人的违法行为信息。”

六、将第二十一条改为第二十二条，修改为：“交通技术监控设备记录或者录入道路交通违法信息管理系统的违法行为信息，有下列情形之一并经核实的，违法行为发生地或者机动车登记地公安机关交通管理部门应当自核实之日起三日内予以消除：

“（一）警车、消防救援车辆、救护车、工程救险车执行紧急任务期间交通技术监控设备记录的违法行为；

“（二）机动车所有人或者管理人提供报案记录证明机动车被盗抢期间、机动车号牌被他人冒用期间交通技术监控设备记录的违法行为；

“（三）违法行为人或者机动车所有人、管理人提供证据证明机动车因救助危难或者紧急避险造成的违法行为；

“（四）已经在现场被交通警察处理的交通技术监控设备记录的违法行为；

“（五）因交通信号指示不一致造成的违法行为；

“（六）作为处理依据的交通技术监控设备收集的违法行为记录资料，不能清晰、准确地反映机动车类型、号牌、外观等特征以及违法时间、地点、事实的；

“（七）经比对交通技术监控设备记录的违法行为照片、道路交通违法信息管理系统登记的机动车信息，确认记录的机动车号牌信息错误的；

“（八）其他应当消除的情形。”

七、增加一条，作为第二十三条：“经查证属实，单位或者个人提供的违法行为照片或者视频等资料可以作为处罚的证据。

“对群众举报的违法行为照片或者视频资料的审核录入要求，参照本规定执行。”

八、将第二十三条改为第二十五条，修改为：“采取本规定第二十四条第（一）、（二）、（四）、（五）项行政强制措施，应当按照下列程序实施：

“（一）口头告知违法行为人或者机动车所有人、管理人违法行为的基本事实、拟作出行政强制措施的种类、依据及其依法享有的权利；

“（二）听取当事人的陈述和申辩，当事人提出的事实、理由或者证据成立的，应当采纳；

“（三）制作行政强制措施凭证，并告知当事人在十五日内到指定地点接受处理；

“（四）行政强制措施凭证应当由当事人签名、交通警察签名或者盖章，并加盖公安机关交通管理部门印章；当事人拒绝签名的，交通警察应当在行政强制措施凭证上注明；

“（五）行政强制措施凭证应当当场交付当事人；当事人拒收的，由交通警察在行政强制措施凭证上注明，即为送达。

“现场采取行政强制措施的，交通警察应当在二十四小时内向所属公安机关交通管理部门负责人报告，并补办批准手续。公安机关交通管理部门负责人认为不应当采取行政强制措施的，应当立即解除。”

九、将第三十三条改为第三十五条，修改为：“车辆驾驶人有下列情形之一的，应当对其检验体内酒精含量：

“（一）对酒精呼气测试等方法测试的酒精含量结果有异议并当场提出的；

“（二）涉嫌饮酒驾驶车辆发生交通事故的；

“（三）涉嫌醉酒驾驶的；

“（四）拒绝配合酒精呼气测试等方法测试的。

“车辆驾驶人对酒精呼气测试结果无异议的，应当签字确认。事后提出异议的，不予采纳。

“车辆驾驶人涉嫌吸食、注射毒品或者服用国家管制的精神药品、麻醉药品后驾驶车辆的，应当按照《吸毒检测程序规定》对车辆驾驶人进行吸毒检测，并通知其家属，但无法通知的除外。

“对酒后、吸毒后行为失控或者拒绝配合检验、检测的，可以使用约束带或者警绳等约束性警械。”

十、将第三十四条改为第三十六条，修改为：“对车辆驾驶人进行体内酒精含量检验的，应当按照下列程序实施：

“（一）由两名交通警察或者由一名交通警察带领警务辅助人员将车辆驾驶人带到医疗机构提取血样，或者现场由法医等具有相应资质的人员提取血样；

“（二）公安机关交通管理部门应当在提取血样后五日内将血样送交有检验资格的单位或者机构进行检验，并在收到检验结果后五日内书面告知车辆驾驶人。

“检验车辆驾驶人体内酒精含量的，应当通知其家属，但无法通知的除外。

“车辆驾驶人对检验结果有异议的，可以在收到检验结果之日起三日内申请重新检验。

“具有下列情形之一的，应当进行重新检验：

“（一）检验程序违法或者违反相关专业技术要求，可能影响检验结果正确性的；

“（二）检验单位或者机构、检验人不具备相应资质和条件的；

“（三）检验结果明显依据不足的；

“（四）检验人故意作虚假检验的；

“（五）检验人应当回避而没有回避的；

“（六）检材虚假或者被污染的；

“（七）其他应当重新检验的情形。

“不符合前款规定情形的，经县级以上公安机关交通管理部门负责人批准，作出不准予重新检验的决定，并在作出决定之日起的三日内书面通知申请人。

“重新检验，公安机关应当另行指派或者聘请检验人。”

十一、将第四十一条改为第四十三条，修改为：“对违法行为人处以警告或者二百元以下罚款的，可以适用简易程序。

“对违法行为人处以二百元（不含）以上罚款、暂扣或者吊销机动车驾驶证的，应当适用一般程序。不需要采取行政强制措施的，现场交通警察应当收集、固定相关证据，并制作违法行为处理通知书。其中，对违法行为人单处二百元（不含）以上罚款的，可以通过简化取证方式和审核审批手续等措施快速办理。

“对违法行为人处以行政拘留处罚的，按照《公安机关办理行政案件程序规定》实施。”

十二、增加六条，作为第五十三条、第五十四条、第五十五条、第五十六条、第五十七条、第五十八条：

“第五十三条　违法行为人或者机动车所有人、管理人收到道路交通安全违法行为通知后，应当及时到公安机关交通管理部门接受处理。机动车所有人、管理人将机动车交由他人驾驶的，应当通知机动车驾驶人按照本规定第二十条规定期限接受处理。

“违法行为人或者机动车所有人、管理人无法在三十日内接受处理的，可以申请延期处理。延长的期限最长不得超过三个月。”

“第五十四条　机动车有五起以上未处理的违法行为记录，违法行为人或者机动车所有人、管理人未在三十日内接受处理且未申请延期处理的，违法行为发生地公安机关交通管理部门应当按照备案信息中的联系方式，通过移动互联网应用程序、手机短信或者邮寄等方式将拟作出的行政处罚决定的事实、理由、依据以及依法享有的权利，告知违法行为人或者机动车所有人、管理人。违法行为人或者机动车所有人、管理人未在告知后三十日内接受处理的，可以采取公告方式告知拟作出的行政处罚决定的事实、理由、依据、依法享有的权利以及公告期届满后将依法作出行政处罚决定。公告期为七日。

“违法行为人或者机动车所有人、管理人提出申辩或者接受处理的，应当按照本规定第四十四条或者第四十八条办理；违法行为人或者机动车所有人、管理人未提出申辩的，公安机关交通管理部门可以依法作出行政处罚决定，并制作行政处罚决定书。”

“第五十五条　行政处罚决定书可以邮寄或者电子送达。邮寄或者电子送达不成功的，公安机关交通管理部门可以公告送达，公告期为六十日。”

“第五十六条　电子送达可以采用移动互联网应用程序、电子邮件、移动通信等能够确认受送达人收悉的特定系统作为送达媒介。送达日期为公安机关交通管理部门对应系统显示发送成功的日期。受送达人证明到达其特定系统的日期与公安机关交通管理部门对应系统显示发送成功的日期不一致的，以受送达人证明到达其特定系统的日期为准。

“公告应当通过互联网交通安全综合服务管理平台、移动互联网应用程序等方式进行。公告期满，即为送达。

“公告内容应当避免泄漏个人隐私。”

“第五十七条　交通警察在道路执勤执法时，发现违法行为人或者机动车所有人、管理人有交通技术监控设备记录的违法行为逾期未处理的，应当以口头或者书面方式告知违法行为人或者机动车所有人、管理人。”

“第五十八条　违法行为人可以通过公安机关交通管理部门自助处理平台自助处理违法行为。”

十三、增加二条，作为第七十一条、第七十二条：

“第七十一条　公安机关交通管理部门可以与保险监管机构建立违法行为与机动车交通事故责任强制保险费率联系浮动制度。”

“第七十二条　机动车所有人为单位的，公安机关交通管理部门可以将严重影响道路交通安全的违法行为通报机动车所有人。”

十四、将第六十三条改为第七十三条，第一款修改为：“对非本辖区机动车驾驶人申请在违法行为发生地、处理地参加满分学习、考试的，公安机关交通管理部门应当准许，考试合格后发还扣留的机动车驾驶证，并将考试合格的信息转至驾驶证核发地公安机关交通管理部门。”

十五、增加二条，作为第七十八条、第七十九条：

“第七十八条　交通技术监控设备记录的非机动车、

行人违法行为参照本规定关于机动车违法行为处理程序处理。”

“第七十九条　公安机关交通管理部门可以以电子案卷形式保存违法处理案卷。”

十六、将第六十九条改为第八十一条，修改为：“本规定所称‘以上’‘以下’，除特别注明的外，包括本数在内。

“本规定所称的‘二日’‘三日’‘五日’‘七日’‘十日’‘十五日’，是指工作日，不包括节假日。”

十七、《道路交通安全违法行为处理程序规定》的条文序号根据本决定作相应调整。

本决定自 2020 年 5 月 1 日起施行。

《道路交通安全违法行为处理程序规定》根据本决定作相应修改，重新发布。

道路交通安全违法行为处理程序规定

目　　录

第一章　总　　则

第一条　为了规范道路交通安全违法行为处理程序，保障公安机关交通管理部门正确履行职责，保护公民、法人和其他组织的合法权益，根据《中华人民共和国道路交通安全法》及其实施条例等法律、行政法规制定本规定。

第二条　公安机关交通管理部门及其交通警察对道路交通安全违法行为（以下简称违法行为）的处理程序，在法定职权范围内依照本规定实施。

第三条　对违法行为的处理应当遵循合法、公正、文明、公开、及时的原则，尊重和保障人权，保护公民的人格尊严。

对违法行为的处理应当坚持教育与处罚相结合的原则，教育公民、法人和其他组织自觉遵守道路交通安全法律法规。

对违法行为的处理，应当以事实为依据，与违法行为的事实、性质、情节以及社会危害程度相当。

第二章　管　　辖

第四条　交通警察执勤执法中发现的违法行为由违

法行为发生地的公安机关交通管理部门管辖。

对管辖权发生争议的，报请共同的上一级公安机关交通管理部门指定管辖。上一级公安机关交通管理部门应当及时确定管辖主体，并通知争议各方。

第五条 违法行为人可以在违法行为发生地、机动车登记地或者其他任意地公安机关交通管理部门处理交通技术监控设备记录的违法行为。

违法行为人在违法行为发生地以外的地方（以下简称处理地）处理交通技术监控设备记录的违法行为的，处理地公安机关交通管理部门可以协助违法行为发生地公安机关交通管理部门调查违法事实、代为送达法律文书、代为履行处罚告知程序，由违法行为发生地公安机关交通管理部门按照发生地标准作出处罚决定。

违法行为人或者机动车所有人、管理人对交通技术监控设备记录的违法行为事实有异议的，可以通过公安机关交通管理部门互联网站、移动互联网应用程序或者违法行为处理窗口向公安机关交通管理部门提出。处理地公安机关交通管理部门应当在收到当事人申请后当日，通过道路交通违法信息管理系统通知违法行为发生地公安机关交通管理部门。违法行为发生地公安机关交通管理部门应当在五日内予以审查，异议成立的，予以消除；异议不成立的，告知当事人。

第六条 对违法行为人处以警告、罚款或者暂扣机动车驾驶证处罚的，由县级以上公安机关交通管理部门作出处罚决定。

对违法行为人处以吊销机动车驾驶证处罚的，由设区的市公安机关交通管理部门作出处罚决定。

对违法行为人处以行政拘留处罚的，由县、市公安局、公安分局或者相当于县一级的公安机关作出处罚决定。

第三章 调查取证

第一节 一般规定

第七条 交通警察调查违法行为时，应当表明执法身份。

交通警察执勤执法应当严格执行安全防护规定，注意自身安全，在公路上执勤执法不得少于两人。

第八条 交通警察应当全面、及时、合法收集能够证实违法行为是否存在、违法情节轻重的证据。

第九条 交通警察调查违法行为时，应当查验机动车驾驶证、行驶证、机动车号牌、检验合格标志、保险标志等牌证以及机动车和驾驶人违法信息。对运载爆炸物品、易燃易爆化学物品以及剧毒、放射性等危险物品车辆驾驶人违法行为调查的，还应当查验其他相关证件及信息。

第十条 交通警察查验机动车驾驶证时，应当询问驾驶人姓名、住址、出生年月并与驾驶证上记录的内容进行核对；对持证人的相貌与驾驶证上的照片进行核对。必要时，可以要求驾驶人出示居民身份证进行核对。

第十一条 调查中需要采取行政强制措施的，依照法律、法规、本规定及国家其他有关规定实施。

第十二条 交通警察对机动车驾驶人不在现场的违法停放机动车行为，应当在机动车侧门玻璃或者摩托车座位上粘贴违法停车告知单，并采取拍照或者录像方式固定相关证据。

第十三条 调查中发现违法行为人有其他违法行为的，在依法对其道路交通安全违法行为作出处理决定的同时，按照有关规定移送有管辖权的单位处理。涉嫌构成犯罪的，转为刑事案件办理或者移送有权处理的主管机关、部门办理。

第十四条 公安机关交通管理部门对于控告、举报的违法行为以及其他行政主管部门移送的案件应当接受，并按规定处理。

第二节 交通技术监控

第十五条 公安机关交通管理部门可以利用交通技术监控设备、执法记录设备收集、固定违法行为证据。

交通技术监控设备、执法记录设备应当符合国家标准或者行业标准，需要认定、检定的交通技术监控设备应当经认定、检定合格后，方可用于收集、固定违法行为证据。

交通技术监控设备应当定期维护、保养、检测，保持功能完好。

第十六条 交通技术监控设备的设置应当遵循科学、规范、合理的原则，设置的地点应当有明确规范相应交通行为的交通信号。

固定式交通技术监控设备设置地点应当向社会公布。

第十七条 使用固定式交通技术监控设备测速的路段，应当设置测速警告标志。

使用移动测速设备测速的，应当由交通警察操作。使用车载移动测速设备的，还应当使用制式警车。

第十八条 作为处理依据的交通技术监控设备收集的违法行为记录资料，应当清晰、准确地反映机动车类型、号牌、外观等特征以及违法时间、地点、事实。

第十九条 交通技术监控设备收集违法行为记录资料后五日内，违法行为发生地公安机关交通管理部门应当对记录内容进行审核，经审核无误后录入道路交通违法信息管理系统，作为处罚违法行为的证据。

第二十条 交通技术监控设备记录的违法行为信息

录入道路交通违法信息管理系统后当日，违法行为发生地和机动车登记地公安机关交通管理部门应当向社会提供查询。违法行为发生地公安机关交通管理部门应当在违法行为信息录入道路交通违法信息管理系统后五日内，按照机动车备案信息中的联系方式，通过移动互联网应用程序、手机短信或者邮寄等方式将违法时间、地点、事实通知违法行为人或者机动车所有人、管理人，并告知其在三十日内接受处理。

公安机关交通管理部门应当在违法行为人或者机动车所有人、管理人处理违法行为和交通事故、办理机动车或者驾驶证业务时，书面确认违法行为人或者机动车所有人、管理人的联系方式和法律文书送达方式，并告知其可以通过公安机关交通管理部门互联网站、移动互联网应用程序等方式备案或者变更联系方式、法律文书送达方式。

第二十一条 对交通技术监控设备记录的违法行为信息，经核查能够确定实际驾驶人的，公安机关交通管理部门可以在道路交通违法信息管理系统中将其记录为实际驾驶人的违法行为信息。

第二十二条 交通技术监控设备记录或者录入道路交通违法信息管理系统的违法行为信息，有下列情形之一并经核实的，违法行为发生地或者机动车登记地公安机关交通管理部门应当自核实之日起三日内予以消除：

（一）警车、消防救援车辆、救护车、工程救险车执行紧急任务期间交通技术监控设备记录的违法行为；

（二）机动车所有人或者管理人提供报案记录证明机动车被盗抢期间、机动车号牌被他人冒用期间交通技术监控设备记录的违法行为；

（三）违法行为人或者机动车所有人、管理人提供证据证明机动车因救助危难或者紧急避险造成的违法行为；

（四）已经在现场被交通警察处理的交通技术监控设备记录的违法行为；

（五）因交通信号指示不一致造成的违法行为；

（六）作为处理依据的交通技术监控设备收集的违法行为记录资料，不能清晰、准确地反映机动车类型、号牌、外观等特征以及违法时间、地点、事实的；

（七）经比对交通技术监控设备记录的违法行为照片、道路交通违法信息管理系统登记的机动车信息，确认记录的机动车号牌信息错误的；

（八）其他应当消除的情形。

第二十三条 经查证属实，单位或者个人提供的违法行为照片或者视频等资料可以作为处罚的证据。

对群众举报的违法行为照片或者视频资料的审核录入要求，参照本规定执行。

第四章　行政强制措施适用

第二十四条　公安机关交通管理部门及其交通警察在执法过程中，依法可以采取下列行政强制措施：

（一）扣留车辆；

（二）扣留机动车驾驶证；

（三）拖移机动车；

（四）检验体内酒精、国家管制的精神药品、麻醉药品含量；

（五）收缴物品；

（六）法律、法规规定的其他行政强制措施。

第二十五条　采取本规定第二十四条第（一）、（二）、（四）、（五）项行政强制措施，应当按照下列程序实施：

（一）口头告知违法行为人或者机动车所有人、管理人违法行为的基本事实、拟作出行政强制措施的种类、依据及其依法享有的权利；

（二）听取当事人的陈述和申辩，当事人提出的事实、理由或者证据成立的，应当采纳；

（三）制作行政强制措施凭证，并告知当事人在十五日内到指定地点接受处理；

（四）行政强制措施凭证应当由当事人签名、交通警察签名或者盖章，并加盖公安机关交通管理部门印章；当事人拒绝签名的，交通警察应当在行政强制措施凭证上注明；

（五）行政强制措施凭证应当当场交付当事人；当事人拒收的，由交通警察在行政强制措施凭证上注明，即为送达。

现场采取行政强制措施的，交通警察应当在二十四小时内向所属公安机关交通管理部门负责人报告，并补办批准手续。公安机关交通管理部门负责人认为不应当采取行政强制措施的，应当立即解除。

第二十六条 行政强制措施凭证应当载明当事人的基本情况、车辆牌号、车辆类型、违法事实、采取行政强制措施种类和依据、接受处理的具体地点和期限、决定机关名称及当事人依法享有的行政复议、行政诉讼权利等内容。

第二十七条 有下列情形之一的，依法扣留车辆：

（一）上道路行驶的机动车未悬挂机动车号牌，未放置检验合格标志、保险标志，或者未随车携带机动车行驶证、驾驶证的；

（二）有伪造、变造或者使用伪造、变造的机动车登记证书、号牌、行驶证、检验合格标志、保险标志、驾驶证或者使用其他车辆的机动车登记证书、号牌、行驶证、检验合格标志、保险标志嫌疑的；

（三）未按照国家规定投保机动车交通事故责任强制保险的；

（四）公路客运车辆或者货运机动车超载的；

（五）机动车有被盗抢嫌疑的；

（六）机动车有拼装或者达到报废标准嫌疑的；

（七）未申领《剧毒化学品公路运输通行证》通过公路运输剧毒化学品的；

（八）非机动车驾驶人拒绝接受罚款处罚的。

对发生道路交通事故，因收集证据需要的，可以依法扣留事故车辆。

第二十八条 交通警察应当在扣留车辆后二十四小时内，将被扣留车辆交所属公安机关交通管理部门。

公安机关交通管理部门扣留车辆的，不得扣留车辆所载货物。对车辆所载货物应当通知当事人自行处理，当事人无法自行处理或者不自行处理的，应当登记并妥善保管，对容易腐烂、损毁、灭失或者其他不具备保管条件的物品，经县级以上公安机关交通管理部门负责人批准，可以在拍照或者录像后变卖或者拍卖，变卖、拍卖所得按照有关规定处理。

第二十九条 对公路客运车辆载客超过核定乘员、货运机动车超过核定载质量的，公安机关交通管理部门应当按照下列规定消除违法状态：

（一）违法行为人可以自行消除违法状态的，应当在公安机关交通管理部门的监督下，自行将超载的乘车人转运、将超载的货物卸载；

（二）违法行为人无法自行消除违法状态的，对超载的乘车人，公安机关交通管理部门应当及时通知有关部门联系转运；对超载的货物，应当在指定的场地卸载，并由违法行为人与指定场地的保管方签订卸载货物的保管合同。

消除违法状态的费用由违法行为人承担。违法状态消除后，应当立即退还被扣留的机动车。

第三十条 对扣留的车辆，当事人接受处理或者提供、补办的相关证明或者手续经核实后，公安机关交通管理部门应当依法及时退还。

公安机关交通管理部门核实的时间不得超过十日；需要延长的，经县级以上公安机关交通管理部门负责人批准，可以延长至十五日。核实时间自车辆驾驶人或者所有人、管理人提供被扣留车辆合法来历证明，补办相应手续，或者接受处理之日起计算。

发生道路交通事故因收集证据需要扣留车辆的，扣留车辆时间依照《道路交通事故处理程序规定》有关规定执行。

第三十一条 有下列情形之一的，依法扣留机动车驾驶证：

（一）饮酒后驾驶机动车的；

（二）将机动车交由未取得机动车驾驶证或者机动车驾驶证被吊销、暂扣的人驾驶的；

（三）机动车行驶超过规定时速百分之五十的；

（四）驾驶有拼装或者达到报废标准嫌疑的机动车上道路行驶的；

（五）在一个记分周期内累积记分达到十二分的。

第三十二条 交通警察应当在扣留机动车驾驶证后二十四小时内，将被扣留机动车驾驶证交所属公安机关交通管理部门。

具有本规定第三十一条第（一）、（二）、（三）、（四）项所列情形之一的，扣留机动车驾驶证至作出处罚决定之日；处罚决定生效前先予扣留机动车驾驶证的，扣留一日折抵暂扣期限一日。只对违法行为人作出罚款处罚的，缴纳罚款完毕后，应当立即发还机动车驾驶证。具有本规定第三十一条第（五）项情形的，扣留机动车驾驶证至考试合格之日。

第三十三条 违反机动车停放、临时停车规定，驾驶人不在现场或者虽在现场但拒绝立即驶离，妨碍其他车辆、行人通行的，公安机关交通管理部门及其交通警察可以将机动车拖移至不妨碍交通的地点或者公安机关交通管理部门指定的地点。

拖移机动车的，现场交通警察应当通过拍照、录像等方式固定违法事实和证据。

第三十四条 公安机关交通管理部门应当公开拖移机动车查询电话，并通过设置拖移机动车专用标志牌明示或者以其他方式告知当事人。当事人可以通过电话查询接受处理的地点、期限和被拖移机动车的停放地点。

第三十五条 车辆驾驶人有下列情形之一的，应当对其检验体内酒精含量：

（一）对酒精呼气测试等方法测试的酒精含量结果有异议并当场提出的；

（二）涉嫌饮酒驾驶车辆发生交通事故的；

（三）涉嫌醉酒驾驶的；

（四）拒绝配合酒精呼气测试等方法测试的。

车辆驾驶人对酒精呼气测试结果无异议的，应当签字确认。事后提出异议的，不予采纳。

车辆驾驶人涉嫌吸食、注射毒品或者服用国家管制的精神药品、麻醉药品后驾驶车辆的，应当按照《吸毒检测程序规定》对车辆驾驶人进行吸毒检测，并通知其家属，但无法通知的除外。

对酒后、吸毒后行为失控或者拒绝配合检验、检测的，可以使用约束带或者警绳等约束性警械。

第三十六条 对车辆驾驶人进行体内酒精含量检验的，应当按照下列程序实施：

（一）由两名交通警察或者由一名交通警察带领警务辅助人员将车辆驾驶人带到医疗机构提取血样，或者现场由法医等具有相应资质的人员提取血样；

（二）公安机关交通管理部门应当在提取血样后五日内将血样送交有检验资格的单位或者机构进行检验，并在收到检验结果后五日内书面告知车辆驾驶人。

检验车辆驾驶人体内酒精含量的，应当通知其家属，但无法通知的除外。

车辆驾驶人对检验结果有异议的，可以在收到检验结果之日起三日内申请重新检验。

具有下列情形之一的，应当进行重新检验：

（一）检验程序违法或者违反相关专业技术要求，可能影响检验结果正确性的；

（二）检验单位或者机构、检验人不具备相应资质和条件的；

（三）检验结果明显依据不足的；

（四）检验人故意作虚假检验的；

（五）检验人应当回避而没有回避的；

（六）检材虚假或者被污染的；

（七）其他应当重新检验的情形。

不符合前款规定情形的，经县级以上公安机关交通管理部门负责人批准，作出不准予重新检验的决定，并在作出决定之日起的三日内书面通知申请人。

重新检验，公安机关应当另行指派或者聘请检验人。

第三十七条 对非法安装警报器、标志灯具或者自行车、三轮车加装动力装置的，公安机关交通管理部门应当强制拆除，予以收缴，并依法予以处罚。

交通警察现场收缴非法装置的，应当在二十四小时内，将收缴的物品交所属公安机关交通管理部门。

对收缴的物品，除作为证据保存外，经县级以上公安机关交通管理部门批准后，依法予以销毁。

第三十八条 公安机关交通管理部门对扣留的拼装或者已达到报废标准的机动车，经县级以上公安机关交通管理部门批准后，予以收缴，强制报废。

第三十九条 对伪造、变造或者使用伪造、变造的机动车登记证书、号牌、行驶证、检验合格标志、保险标志、驾驶证的，应当予以收缴，依法处罚后予以销毁。

对使用其他车辆的机动车登记证书、号牌、行驶证、检验合格标志、保险标志的，应当予以收缴，依法处罚后转至机动车登记地车辆管理所。

第四十条 对在道路两侧及隔离带上种植树木、其他植物或者设置广告牌、管线等，遮挡路灯、交通信号灯、交通标志，妨碍安全视距的，公安机关交通管理部门应当向违法行为人送达排除妨碍通知书，告知履行期限和不履行的后果。违法行为人在规定期限内拒不履行的，依法予以处罚并强制排除妨碍。

第四十一条 强制排除妨碍，公安机关交通管理部门及其交通警察可以当场实施。无法当场实施的，应当按照下列程序实施：

（一）经县级以上公安机关交通管理部门负责人批准，可以委托或者组织没有利害关系的单位予以强制排除妨碍；

（二）执行强制排除妨碍时，公安机关交通管理部门应当派员到场监督。

第五章　行政处罚

第一节　行政处罚的决定

第四十二条　交通警察对于当场发现的违法行为，认为情节轻微、未影响道路通行和安全的，口头告知其违法行为的基本事实、依据，向违法行为人提出口头警告，纠正违法行为后放行。

各省、自治区、直辖市公安机关交通管理部门可以根据实际确定适用口头警告的具体范围和实施办法。

第四十三条　对违法行为人处以警告或者二百元以下罚款的，可以适用简易程序。

对违法行为人处以二百元（不含）以上罚款、暂扣或者吊销机动车驾驶证的，应当适用一般程序。不需要采取行政强制措施的，现场交通警察应当收集、固定相关证据，并制作违法行为处理通知书。其中，对违法行为人单处二百元（不含）以上罚款的，可以通过简化取证方式和审核审批手续等措施快速办理。

对违法行为人处以行政拘留处罚的，按照《公安机关办理行政案件程序规定》实施。

第四十四条 适用简易程序处罚的，可以由一名交通警察作出，并应当按照下列程序实施：

（一）口头告知违法行为人违法行为的基本事实、拟作出的行政处罚、依据及其依法享有的权利；

（二）听取违法行为人的陈述和申辩，违法行为人提出的事实、理由或者证据成立的，应当采纳；

（三）制作简易程序处罚决定书；

（四）处罚决定书应当由被处罚人签名、交通警察签名或者盖章，并加盖公安机关交通管理部门印章；被处罚人拒绝签名的，交通警察应当在处罚决定书上注明；

（五）处罚决定书应当当场交付被处罚人；被处罚人拒收的，由交通警察在处罚决定书上注明，即为送达。

交通警察应当在二日内将简易程序处罚决定书报所属公安机关交通管理部门备案。

第四十五条 简易程序处罚决定书应当载明被处罚人的基本情况、车辆牌号、车辆类型、违法事实、处罚的依据、处罚的内容、履行方式、期限、处罚机关名称及被处罚人依法享有的行政复议、行政诉讼权利等内容。

第四十六条　制发违法行为处理通知书应当按照下列程序实施：

（一）口头告知违法行为人违法行为的基本事实；

（二）听取违法行为人的陈述和申辩，违法行为人提出的事实、理由或者证据成立的，应当采纳；

（三）制作违法行为处理通知书，并通知当事人在十五日内接受处理；

（四）违法行为处理通知书应当由违法行为人签名、交通警察签名或者盖章，并加盖公安机关交通管理部门印章；当事人拒绝签名的，交通警察应当在违法行为处理通知书上注明；

（五）违法行为处理通知书应当当场交付当事人；当事人拒收的，由交通警察在违法行为处理通知书上注明，即为送达。

交通警察应当在二十四小时内将违法行为处理通知书报所属公安机关交通管理部门备案。

第四十七条　违法行为处理通知书应当载明当事人的基本情况、车辆牌号、车辆类型、违法事实、接受处理的具体地点和时限、通知机关名称等内容。

第四十八条　适用一般程序作出处罚决定，应当由两名以上交通警察按照下列程序实施：

（一）对违法事实进行调查，询问当事人违法行为的基本情况，并制作笔录；当事人拒绝接受询问、签名或者盖章的，交通警察应当在询问笔录上注明；

（二）采用书面形式或者笔录形式告知当事人拟作出的行政处罚的事实、理由及依据，并告知其依法享有的权利；

（三）对当事人陈述、申辩进行复核，复核结果应当在笔录中注明；

（四）制作行政处罚决定书；

（五）行政处罚决定书应当由被处罚人签名，并加盖公安机关交通管理部门印章；被处罚人拒绝签名的，交通警察应当在处罚决定书上注明；

（六）行政处罚决定书应当当场交付被处罚人；被处罚人拒收的，由交通警察在处罚决定书上注明，即为送达；被处罚人不在场的，应当依照《公安机关办理行政案件程序规定》的有关规定送达。

第四十九条 行政处罚决定书应当载明被处罚人的基本情况、车辆牌号、车辆类型、违法事实和证据、处罚的依据、处罚的内容、履行方式、期限、处罚机关名称及被处罚人依法享有的行政复议、行政诉讼权利等内容。

第五十条 一人有两种以上违法行为，分别裁决，合并执行，可以制作一份行政处罚决定书。

一人只有一种违法行为，依法应当并处两个以上处罚种类且涉及两个处罚主体的，应当分别制作行政处罚决定书。

第五十一条 对违法行为事实清楚，需要按照一般程序处以罚款的，应当自违法行为人接受处理之时起二十四小时内作出处罚决定；处以暂扣机动车驾驶证的，应当自违法行为人接受处理之日起三日内作出处罚决定；处以吊销机动车驾驶证的，应当自违法行为人接受处理或者听证程序结束之日起七日内作出处罚决定，交通肇事构成犯罪的，应当在人民法院判决后及时作出处罚决定。

第五十二条 对交通技术监控设备记录的违法行为，当事人应当及时到公安机关交通管理部门接受处理，处以警告或者二百元以下罚款的，可以适用简易程序；处以二百元（不含）以上罚款、吊销机动车驾驶证的，应当适用一般程序。

第五十三条 违法行为人或者机动车所有人、管理人收到道路交通安全违法行为通知后，应当及时到公安机关交通管理部门接受处理。机动车所有人、管理人将机动车交由他人驾驶的，应当通知机动车驾驶人按照本规定第二十条规定期限接受处理。

违法行为人或者机动车所有人、管理人无法在三十日内接受处理的，可以申请延期处理。延长的期限最长不得超过三个月。

第五十四条 机动车有五起以上未处理的违法行为记录，违法行为人或者机动车所有人、管理人未在三十日内接受处理且未申请延期处理的，违法行为发生地公安机关交通管理部门应当按照备案信息中的联系方式，通过移动互联网应用程序、手机短信或者邮寄等方式将拟作出的行政处罚决定的事实、理由、依据以及依法享有的权利，告知违法行为人或者机动车所有人、管理人。违法行为人或者机动车所有人、管理人未在告知后三十日内接受处理的，可以采取公告方式告知拟作出的行政处罚决定的事实、理由、依据、依法享有的权利以及公告期届满后将依法作出行政处罚决定。公告期为七日。

违法行为人或者机动车所有人、管理人提出申辩或者接受处理的，应当按照本规定第四十四条或者第四十八条办理；违法行为人或者机动车所有人、管理人未提出申辩的，公安机关交通管理部门可以依法作出行政处罚决定，并制作行政处罚决定书。

第五十五条 行政处罚决定书可以邮寄或者电子送达。邮寄或者电子送达不成功的，公安机关交通管理部门可以公告送达，公告期为六十日。

第五十六条 电子送达可以采用移动互联网应用程序、电子邮件、移动通信等能够确认受送达人收悉的特定系统作为送达媒介。送达日期为公安机关交通管理部门对应系统显示发送成功的日期。受送达人证明到达其特定系统的日期与公安机关交通管理部门对应系统显示发送成功的日期不一致的，以受送达人证明到达其特定系统的日期为准。

公告应当通过互联网交通安全综合服务管理平台、移动互联网应用程序等方式进行。公告期满，即为送达。

公告内容应当避免泄漏个人隐私。

第五十七条 交通警察在道路执勤执法时，发现违法行为人或者机动车所有人、管理人有交通技术监控设备记录的违法行为逾期未处理的，应当以口头或者书面方式告知违法行为人或者机动车所有人、管理人。

第五十八条 违法行为人可以通过公安机关交通管理部门自助处理平台自助处理违法行为。

第二节 行政处罚的执行

第五十九条 对行人、乘车人、非机动车驾驶人处以罚款，交通警察当场收缴的，交通警察应当在简易程序处罚决定书上注明，由被处罚人签名确认。被处罚人拒绝签名的，交通警察应当在处罚决定书上注明。

交通警察依法当场收缴罚款的，应当开具省、自治区、直辖市财政部门统一制发的罚款收据；不开具省、自治区、直辖市财政部门统一制发的罚款收据的，当事人有权拒绝缴纳罚款。

第六十条 当事人逾期不履行行政处罚决定的，作出行政处罚决定的公安机关交通管理部门可以采取下列措施：

（一）到期不缴纳罚款的，每日按罚款数额的百分之三加处罚款，加处罚款总额不得超出罚款数额；

（二）申请人民法院强制执行。

第六十一条 公安机关交通管理部门对非本辖区机动车驾驶人给予暂扣、吊销机动车驾驶证处罚的，应当在作出处罚决定之日起十五日内，将机动车驾驶证转至核发地公安机关交通管理部门。

违法行为人申请不将暂扣的机动车驾驶证转至核发地公安机关交通管理部门的，应当准许，并在行政处罚决定书上注明。

第六十二条 对违法行为人决定行政拘留并处罚款的，公安机关交通管理部门应当告知违法行为人可以委托他人代缴罚款。

第六章 执法监督

第六十三条 交通警察执勤执法时，应当按照规定着装，佩戴人民警察标志，随身携带人民警察证件，保持警容严整，举止端庄，指挥规范。

交通警察查处违法行为时应当使用规范、文明的执法用语。

第六十四条 公安机关交通管理部门所属的交警队、车管所及重点业务岗位应当建立值日警官和法制员制度，防止和纠正执法中的错误和不当行为。

第六十五条 各级公安机关交通管理部门应当加强执法监督，建立本单位及其所属民警的执法档案，实施执法质量考评、执法责任制和执法过错追究。

执法档案可以是电子档案或者纸质档案。

第六十六条 公安机关交通管理部门应当依法建立交通民警执勤执法考核评价标准，不得下达或者变相下达罚款指标，不得以处罚数量作为考核民警执法效果的依据。

第七章 其他规定

第六十七条 当事人对公安机关交通管理部门采取的行政强制措施或者作出的行政处罚决定不服的，可以依法申请行政复议或者提起行政诉讼。

第六十八条 公安机关交通管理部门应当使用道路交通违法信息管理系统对违法行为信息进行管理。对记录和处理的交通违法行为信息应当及时录入道路交通违法信息管理系统。

第六十九条 公安机关交通管理部门对非本辖区机动车有违法行为记录的，应当在违法行为信息录入道路交通违法信息管理系统后，在规定时限内将违法行为信息转至机动车登记地公安机关交通管理部门。

第七十条 公安机关交通管理部门对非本辖区机动车驾驶人的违法行为给予记分或者暂扣、吊销机动车驾驶证以及扣留机动车驾驶证的，应当在违法行为信息录入道路交通违法信息管理系统后，在规定时限内将违法行为信息转至驾驶证核发地公安机关交通管理部门。

第七十一条 公安机关交通管理部门可以与保险监管机构建立违法行为与机动车交通事故责任强制保险费率联系浮动制度。

第七十二条 机动车所有人为单位的，公安机关交通管理部门可以将严重影响道路交通安全的违法行为通报机动车所有人。

第七十三条 对非本辖区机动车驾驶人申请在违法行为发生地、处理地参加满分学习、考试的，公安机关交通管理部门应当准许，考试合格后发还扣留的机动车驾驶证，并将考试合格的信息转至驾驶证核发地公安机关交通管理部门。

驾驶证核发地公安机关交通管理部门应当根据转递信息清除机动车驾驶人的累积记分。

第七十四条 以欺骗、贿赂等不正当手段取得机动车登记的，应当收缴机动车登记证书、号牌、行驶证，由机动车登记地公安机关交通管理部门撤销机动车登记。

以欺骗、贿赂等不正当手段取得驾驶许可的，应当收缴机动车驾驶证，由驾驶证核发地公安机关交通管理部门撤销机动车驾驶许可。

非本辖区机动车登记或者机动车驾驶许可需要撤销的，公安机关交通管理部门应当将收缴的机动车登记证书、号牌、行驶证或者机动车驾驶证以及相关证据材料，及时转至机动车登记地或者驾驶证核发地公安机关交通管理部门。

第七十五条 撤销机动车登记或者机动车驾驶许可的，应当按照下列程序实施：

（一）经设区的市公安机关交通管理部门负责人批准，制作撤销决定书送达当事人；

（二）将收缴的机动车登记证书、号牌、行驶证或者机动车驾驶证以及撤销决定书转至机动车登记地或者驾驶证核发地车辆管理所予以注销；

（三）无法收缴的，公告作废。

第七十六条 简易程序案卷应当包括简易程序处罚决定书。一般程序案卷应当包括行政强制措施凭证或者违法行为处理通知书、证据材料、公安交通管理行政处罚决定书。

在处理违法行为过程中形成的其他文书应当一并存入案卷。

第八章　附　　则

第七十七条　本规定中下列用语的含义：

（一）“违法行为人”，是指违反道路交通安全法律、行政法规规定的公民、法人及其他组织。

（二）“县级以上公安机关交通管理部门”，是指县级以上人民政府公安机关交通管理部门或者相当于同级的公安机关交通管理部门。“设区的市公安机关交通管理部门”，是指设区的市人民政府公安机关交通管理部门或者相当于同级的公安机关交通管理部门。

第七十八条　交通技术监控设备记录的非机动车、行人违法行为参照本规定关于机动车违法行为处理程序处理。

第七十九条　公安机关交通管理部门可以以电子案卷形式保存违法处理案卷。

第八十条　本规定未规定的违法行为处理程序，依照《公安机关办理行政案件程序规定》执行。

第八十一条　本规定所称“以上”“以下”，除特别注明的外，包括本数在内。

本规定所称的“二日”“三日”“五日”“七日”“十日”“十五日”，是指工作日，不包括节假日。

第八十二条 执行本规定所需要的法律文书式样，由公安部制定。公安部没有制定式样，执法工作中需要的其他法律文书，各省、自治区、直辖市公安机关交通管理部门可以制定式样。

第八十三条 本规定自2009年4月1日起施行。2004年4月30日发布的《道路交通安全违法行为处理程序规定》（公安部第69号令）同时废止。本规定生效后，以前有关规定与本规定不一致的，以本规定为准。

附：

道路交通安全违法行为处理法律文书（式样）

中华人民共和国公安部

2020 年

目　　录

道路交通安全违法行为处理法律文书制作及使用说明

一、本通知中所称文书，是指与《道路交通安全违法行为处理程序规定》相配套的道路交通安全违法行为处理法律文书。全国公安机关交通管理部门使用统一式样的文书。

二、文书由各省级公安机关交通管理部门组织印制，并统一监制和管理。除民警现场执法时制作的文书外，其他处理交通违法行为需要制作的文书，应当使用计算机打印。

有条件的地方，民警可以现场打印执法使用的文书。民警现场打印执法使用的文书与本通知规定的文书式样不一致的，当事人可以到公安机关交通管理部门领取符合本通知规定式样的文书。

三、印制文书、表格使用的文字应当符合国家标准。

四、公安交通管理简易程序处罚决定书、公安交通管理行政强制措施凭证、道路交通安全违法行为处理通知书、违法停车告知单和军车交通违法/交通事故抄告通知书采用 80 × 150 毫米的版心尺寸制作。

五、其他文书用纸幅面尺寸采用标准 A4 型纸，文书页边与版心尺寸：

文书用纸天头（上白边）为 37mm ± 1mm；文书用纸订口（左白边）为 28mm ± 1mm；版心尺寸为 156mm × 225mm（不

含页码)。

六、文书应当使用能够长期保存字迹的钢笔等硬笔填写或者使用打印机打印，做到字迹工整、清晰，各项内容填写完整、准确。

七、印制文书时，文书中注明的“（此处印制公安机关交通管理部门名称)”处，印制使用该文书具有独立执法主体资格的公安机关交通管理部门的名称，名称前应当写明所在省、自治区、直辖市及地市名称（如：江苏省无锡市锡湖区交警大队)。“（公安机关交通管理部门盖章)”处，印制时不印制文字，由使用该文书的具有独立执法主体资格的公安机关交通管理部门加盖印章。首位“X”处填写制作文书的公安机关交通管理部门代字。“〔XXXX〕”处填写年度，“第XX号”处填写文书的顺序编号。“编号:”处统一印制文书编号。文书编号要使用统一编号规则：文书编号长度为16位，第1至6位为执法机关代码，第7位为文书类别，第8至15位为流水号，第16位为校验码。

八、文书的编号，印在该文书名称下一行右侧。

九、文书所留空白不够记录时，可以附纸记录，但附页也应当按照文书所列项目要求制作，涉及当事人陈述、意见等内容的，应当由相关人员签名或者捺指印。

十、文书中“□”，使用边框为虚线方框印制。有多个“□”时，表示有多个内容可供选择，在选中内容前的“□”内打√（填写机动车驾驶证号等号码处除外)。

十一、“当事人”或者“被处罚人”栏，属于机动车驾驶人违反道路交通安全法律法规的，填写违法行为人机动车驾驶证登记的姓名。属于非机动车驾驶人或者行人违反道路交通安全法律法规的，填写其有效身份证件上的姓名、身份证明名称及号码。属外国籍或者少数民族的人员，应当写明其汉语音译名，必要时，可以在汉语音译名后注明其使用的本国或者本民族文字姓名。未携带机动车驾驶证或者无机动车驾驶证的，填写其有效身份证件上的姓名、身份证明名称及号码。无有效身份证件的，填写当事人（被处罚人）提供的姓名，并在备注栏注明“未提供有效身份证件”。

十二、“联系方式”栏填写当事人有效的联系方式。

十三、当事人和机动车基本信息按照机动车驾驶证、机动车行驶证载明的内容填写。未携带机动车驾驶证或者无机动车驾驶证的，填写居民身份证（或者其他有效身份证件）上记载的信息。

十四、违法行为时间应当填写违法行为发生时间，具体到时、分，证据材料上有明确的违法时间的，文书记载的时间应当与证据材料载明的时间一致；违法行为地点应当填写违法行为的具体地点（按照文书记录能够准确定位违法行为发生的地点）。

十五、文书中有“/”作为选择的，将未选择的内容用横线划去。

十六、复议和诉讼机关应当写明当事人申请行政复议或者提起行政诉讼的具体复议机关和人民法院。罚款缴纳银行、复议和诉讼机关可以在印制时统一印制，或者由领用单位统一填写。

十七、当事人拒绝签名或者捺指印的，交通警察应当在“备注”栏注明。

十八、文书送达后，应当请受送达人在附卷联签名，注明送达日期。代理人代领的，应当提供当事人签名的书面委托证明，并由代理人签名，注明代领日期。

十九、适用简易程序处理的交通违法案件，按编号 50 份合并装订为一档；适用一般程序处理的交通违法案件为一案一档，但一人同时有多个违法行为同时被处罚的，可以合并为一档。

二十、适用简易程序处理的交通违法行为的案件档案和适用一般程序处理的交通违法行为罚款，或者暂扣机动车驾驶证的案件档案保管期为二年；适用一般程序处理的吊销机动车驾驶证或者行政拘留的案件档案保管期为五年。但案件相关法律文书未送达、重大信访案件、行政处罚未履行或者当事人提起行政诉讼的案件的档案保管期限，不受上述期限的限制。

二十一、文书直接送达的，送达人应当要求被送达人在文书签名处签名并注明收到的日期，被送达人拒绝签名的，送达人应当在文书上注明；文书邮寄送达的，应当将邮寄凭证附卷；文书电子送达的，应当打印显示电子送达成功页面；文书公告送达的，应当打印公告栏照片。

二十二、印刷或者制作文书时，文书的“制作与使用说明”不印刷或者打印。

式样一

（此处印制公安机关交通管理部门名称）

公安交通管理行政处罚决定书

X公（交）行罚决字〔XXXX〕XXX号

被处罚人：________________________联系方式：__________________

职业：______________________________政治面貌：__________________

交通方式：☐驾驶机动车 ☐驾驶非机动车 ☐乘机动车 ☐乘非机动车

☐步行 ☐其他

机动车驾驶证号：____

机动车驾驶证档案编号：______________准驾车型：__________________

发证机关：____

身份证明名称：____________________号码：______________________

机动车号牌号码：__________________机动车类型：__________________

现查明被处罚人于________年____月____日____时____分，在______________________，违反《____________》，实施__________违法行为（代码__________）。

以上事实有________________________等证据证明。

依据__________________________________，决定处以：

☐罚款________元 持本决定书在15日内到__________银行缴纳罚款。逾期不缴纳的，每日按规定罚款额的3%加处罚款，加处罚款的数额不超过罚款本数。

☐暂扣机动车驾驶证____月 机动车驾驶证是否转递：☐是 ☐否

____年____月____日后到________________领取。

☐吊销机动车驾驶证（☐二年内 ☐五年内 ☐十年内 ☐终生不得重新取得机动车驾驶证）

如不服本决定，可以在收到本决定书之日起60日内向____________申请行政复议；或者在6个月内向____________________人民法院提起行政诉讼。

（公安机关交通管理部门盖章）

______年____月____日

（二维码打印区）

被处罚人签名或者捺指印：________

______年____月____日

备注：________

一式三份，一份由被处罚人交银行，一份送达被处罚人，一份留存

处理地：XX省（自治区、直辖市）

依据《______________》，记____分

制作与使用说明

一、公安机关交通管理部门按照一般程序对违法行为人作出行政处罚决定使用的文书。一人有二种以上违法行为，分别裁决，合并执行，可以制作一份行政处罚决定书，根据违法行为数量增加相应“违法行为”。

二、被处罚人持有相应准驾车型机动车驾驶证的，填写机动车驾驶证号。被处罚人没有相应准驾车型机动车驾驶证的，填写身份证明名称及号码。

三、“证据”栏填写作出行政处罚决定所依据的证据名称。

四、“依据”后填写作出行政处罚决定所依据的法律、法规的具体条、款、项。

五、处罚信息处填写处罚种类、具体内容。作出暂扣机动车驾驶证处罚的，应当注明机动车驾驶证是否转递，并填写到期领取机动车驾驶证的时间、地点。未作罚款处罚的，银行联不交被处罚人。

六、“被处罚人签名或者捺指印”栏由被处罚人签名或者捺指印，并注明时间。

七、被处罚人的交通违法被记分的，应当注明分值。

八、文书背面可以印制本省罚款代收银行、可以办理跨省异地缴纳交通违法罚款业务的银行，支持二维码缴款的地方，可以打印缴纳罚款的二维码。

九、交通违法行为人在违法行为发生地处理的，“处理地”一栏填写发生地公安机关交通管理部门所在省、自治区、直辖市名称。交通违法行为人在违法行为发生地以外的地方公安机关交通管理部门处理的，“处理地”一栏填写处理地公安机关交通管理部门所在省、自治区、直辖市名称。

十、通过电子档案保存的，可以不制作存档联。

式样二

（此处印制公安机关交通管理部门名称）

公安交通管理简易程序处罚决定书

编号：XXXXXXXXXXXXXXXX

被处罚人：________________________联系方式：__________________

交通方式：□驾驶机动车□驾驶非机动车□乘机动车□乘非机动车□步行

机动车驾驶证号：□□□□□□□□□□□□□□□□□□□□□

机动车驾驶证档案编号：□□□□□□□□□□□□□□ 准驾车型：__________

身份证明名称：____________号码：□□□□□□□□□□□□□□□□□□□□□

机动车号牌号码：__________________车辆类型：__________________

发证机关：____

被处罚人于_____年___月___日___时___分，在____________________

实施______________违法行为（代码_________）违反了：

□《道路交通安全法》第___条第___款第___项的规定；

□《道路交通安全法实施条例》第___条第___款第___项的规定；

□《______________》第___条第___款第___项的规定。

依据《道路交通安全法》第___条第___款第___项和《________》第___条第___款第___项，决定处以：□警告　□___元罚款。

□当场缴纳罚款　□持本决定书在15日内到_______银行缴纳罚款。逾期不缴纳的，每日按罚款数额的3%加处罚款，加处罚款的数额不超过罚款本数。

如不服本决定，可以在收到本决定书之日起60日内向____________申请行政复议；或者在6个月内向________人民法院提起行政诉讼。

处罚前已口头告知违法行为人拟作出处罚的事实、理由和依据，并告知违法行为人依法享有陈述权和申辩权。

（二维码打印区）　　　　（公安机关交通管理部门盖章）

_____年___月___日

被处罚人签名或者捺指印：________

_____年___月___日

备注：________

一式三份，一份由被处罚人交银行，一份送达被处罚人，一份留存

处理地：XX省（自治区、直辖市）

依据《______________》，记___分

制作与使用说明

一、公安机关交通管理部门按照简易程序对违法行为人作出行政处罚决定使用的文书。

二、被处罚人持有相应准驾车型机动车驾驶证的，填写机动车驾驶证号。被处罚人没有相应准驾车型机动车驾驶证的，填写身份证明名称及号码。

三、法律依据处填写作出行政处罚决定所依据的法律、法规的具体条、款、项。

四、当场缴纳罚款，仅适用于在非机动车驾驶人、行人和乘车人等有依法可以当场缴纳的情形时收缴当事人的罚款。行人、非机动车驾驶人现场缴纳罚款的，银行联可不交被处罚人。

五、“被处罚人签名或者捺指印”栏由被处罚人签名或者捺指印，并注明时间。

六、交通违法被记分的，应当注明分值。

七、未作罚款处罚或者当场收缴罚款的，银行联不交被处罚人。

八、文书背面可以印制本省罚款代收银行、可以办理跨省异地缴纳交通违法罚款业务的银行，支持二维码缴款的地方，可以在交通违法处理窗口制作处罚决定书时打印缴纳罚款的二维码。印制文书时不印制二维码。

九、通过电子档案保存的，可不制作存档联。

式样三

（此处印制公安机关交通管理部门名称）

公安交通管理撤销机动车登记/驾驶许可决定书

X 公交撤字〔XXXX〕第 XXXX 号

机动车驾驶人：________________________联系方式：______________________

机动车驾驶证号：____

机动车驾驶证档案编号：________________准驾车型：______________________

发证机关：____

机动车所有人：________________________机动车号牌号码：________________

机动车类型：__________________________发证机关：______________________

因当事人有__________________，依据《道路交通安全法实施条例》第一百零三条，《行政许可法》第六十九条规定，决定撤销：

□机动车登记　　　　　　　　　　　　□机动车驾驶许可

依据《道路交通安全法实施条例》第一百零三条规定，三年内不得申请：

□机动车登记□机动车驾驶许可。

如不服本决定，可以在收到本决定书之日起60日内向________________申请行政复议；或者在6个月内向______________人民法院提起行政诉讼。

（公安机关交通管理部门盖章）

_____年___月___日

当事人签名：__________　　_____年___月___日

备注：__________

一式二份，一份送达当事人，一份留存

制作与使用说明

一、公安机关交通管理部门依据《道路交通安全法实施条例》第一百零三条的情形，依据《行政许可法》第六十九条第一款规定，撤销机动车登记或者驾驶许可时使用的文书。

二、制作文书时，可以依据撤销行政许可的内容，选择记载机动车信息、机动车驾驶证信息。

三、“当事人签名栏”由当事人签名。

四、通过电子档案保存的，可不制作存档联。

式样四

（此处印制公安机关交通管理部门名称）

公安交通管理行政强制措施凭证

编号：XXXXXXXXXXXXXXXX

当事人：________________联系方式：________________

机动车驾驶证号：□□□□□□□□□□□□□□□□□□

机动车驾驶证档案编号：□□□□□□□□□□□□ 准驾车型：________

身份证明名称：________号码：□□□□□□□□□□□□□□□□□□

机动车所有人：__________机动车号牌号码：__________

车辆类型：__________发证机关：__________

当事人于___年___月___日___时___分在____________实施_______违法行为，（代码_____），依据：

□《道路交通安全法》第___条第___款第___项；

□《道路交通安全法实施条例》第___条第___款第___项；

□《__________》第___条第___款第___项。

采取行政强制措施：□扣留机动车　□扣留非机动车

□扣留机动车驾驶证　□扣留机动车行驶证

□检验血液/尿样　□拖移机动车

□收缴物品_____

请持本凭证于15日内到___接受处理。逾期不处理的，依法承担法律责任。如不服本决定，可以在收到本凭证之日起60日内向____申请行政复议；或者在6个月内向_____人民法院提起行政诉讼。

交通警察（签名或者盖章）：____，_____

（公安机关交通管理部门盖章）

___年___月___日

当事人对本凭证记载内容□无异议/□有异议：____________

当事人签名或者捺指印：___　备注：____　___年___月___日

本决定书同时作为现场笔录。

一式二份，一份送达当事人，一份留存

制作与使用说明

一、公安机关交通管理部门采取行政强制措施时使用的文书。

二、法律依据处填写作出行政强制措施决定所依据的法律、法规的具体条、款、项。

三、“当事人对本凭证记载内容有无异议”栏，当事人应当勾选有无异议。当事人有异议的，请当事人在有异议栏或者文书背面写明异议的具体内容。

四、“当事人签名或者捺指印”栏由当事人签名或者捺指印。

五、“交通警察”栏由制作行政强制措施凭证的交通警察签名或者盖章。

六、本凭证同时作为现场笔录。

七、通过电子档案保存的，可不制作存档联。

式样五

（此处印制公安机关交通管理部门名称）

返还物品凭证

编号：XXXXXXXXXXXXXXXX

________：

现返还在____年____月____日，因____________________行为，被扣留/移至________的以下车辆或者物品：

□车辆，号牌号码：____________

□机动车驾驶证，驾驶证号：____________

□机动车行驶证，号牌号码：____________

□其他物品____________

当事人/物品所有人签名或者捺指印：____，____年____月____日

身份证明名称：____号码：____________

代领人签名或者捺指印：____，____年____月____日

身份证明名称：____号码：____________

交通警察（签名或者盖章）：________

备注：________

（公安机关交通管理部门盖章）

____年____月____日

一式二份，一份送达当事人，一份留存

制作与使用说明

一、公安机关交通管理部门依法采取行政强制措施期限届满后，返还被扣车辆、证件的文书。

二、由代领人代领的，应当提供当事人书面委托证明，由代领人签名或者捺指印，填写身份证明名称及号码，注明代领日期。

三、“车辆，号牌号码”栏填写被扣留的机动车及号牌号码，或者非机动车，非机动车有号牌的，也应填写号牌号码。

四、通过电子档案保存的，可不制作存档联。

式样六

（此处印制公安机关交通管理部门名称）

道路交通安全违法行为处理通知书

编号：XXXXXXXXXXXXXXXX

当事人：________________________联系方式：____________________

机动车驾驶证号：□□□□□□□□□□□□□□□□□□□□

机动车驾驶证档案编号：□□□□□□□□□□□□□□准驾车型：______________

发证机关：____

身份证明名称：_____________号码：□□□□□□□□□□□□□□□□□□□□□□

当事人驾驶牌号为________________车辆类型为_____________的机动车，于_______年____月____日____时____分，在________________，实施___________________违法行为（代码__________）。

法律依据：

□《道路交通安全法》第____条第____款第____项；

□《道路交通安全法实施条例》第____条第____款第____项；

□《______________》第____条第____款第____项。

请于15日内携带机动车行驶证、机动车驾驶证，到____________________接受处理。逾期不处理的，依法承担法律责任。

（公安机关交通管理部门盖章）

______年____月____日

交通警察（签名或者盖章）：____________________

当事人签名或者捺指印：______　　　　______年____月____日

备注：____________

一式二份，一份送达当事人，一份留存

制作与使用说明

一、适用于需要按照一般程序作出行政处罚决定，但现场不需要采取行政强制措施的违法行为；或者依据交通技术监控记录资料，对违法机动车所有人、管理人或者机动车驾驶人告知违法事实，并通知其到指定地点接受处理所适用的文书。

二、“当事人对本通知书记载内容有无异议”栏，当事人应当勾选有无异议。当事人有异议的，请当事人在有异议栏或者文书背面写明异议的具体内容。

三、“交通警察”栏由制作通知书的交通警察签名或者盖章。

四、本通知书同时作为现场笔录。

五、通过电子档案保存的，可不制作存档联。

式样七

（此处印制公安机关交通管理部门名称）

公安交通管理转递通知书

X 公交转字〔XXXX〕第 XXX 号

________________交通警察支队/XXXXX（农机部门）：

当事人于______年____月____日____时____分，在_________________________

________________实施________________违法行为（代码__________），被：

□暂扣机动车驾驶证　□记______分　□累积 12 分后考试合格

□注销机动车驾驶证

□吊销机动车驾驶证

且□二年内□五年内□十年内□终生不得重新取得机动车驾驶证

现将当事人驾驶证转去。

当事人基本信息：

姓名：________________联系方式：____________________________

机动车驾驶证号：______________________________________

机动车驾驶证档案编号：________________________________

发证机关：____

特此通知。

（公安机关交通管理部门盖章）

______年____月____日

一式二份，一份转递，一份留存

制作与使用说明

一、对非本辖区机动车驾驶人或者农机驾驶人作出暂扣机动车驾驶证、吊销机动车驾驶证等行政处罚决定，被处罚人未申请不转递的，将机动车驾驶证转至机动车驾驶证核发地或者农机部门使用的文书。

二、通过电子档案保存的，可不制作存档联。

式样八

（此处印制公安机关交通管理部门名称）

违法停车告知单

编号：XXXXXXXXXXXXXXXX

机动车号牌号码：____________________车身颜色：____________________

机动车类型：□大型客车□小型客车□大型货车□小型货车□摩托车

□其他____

号牌颜色：□黄色　□蓝色　□黑色　□其他____________________

违法停车时间：_____年___月___日___时___分

违法停车地点：____

该机动车在上述时间、地点停放，违反了《道路交通安全法》第五十六条、《道路交通安全法实施条例》第六十三条的规定，请于 5 日后持本告知单，到____________________接受处理（地址：______________________________
电话：______________）。

告知人：____________

（公安机关交通管理部门盖章）

_____年___月___日

备注：机动车所有人登记的住所地址或者联系方式发生变化的，请及时到机动车登记地公安机关交通管理部门变更，或者通过“交管 12123”手机 APP 或者机动车登记地公安机关交通管理部门公布的方式自行变更。

一式二份，一份贴于机动车上，一份留存

制作与使用说明

一、公安机关交通管理部门对机动车违法停车，且机动车驾驶人不在现场时使用的文书。

二、车辆基本信息依据实际填写。

三、违法停车时间填写所拍摄的违法停车照片载明的时间。

四、违法停车地点填写违法停车的具体地点。

式样九

（此处印制公安机关交通管理部门名称）

军车/消防救援车辆
交通违法/交通事故抄告通知书

编号：XXXXXXXXXXXXXXXXX

机动车驾驶人：________________机动车驾驶证号：________________

机动车所属部门：________________________________

发证机关：________________机动车号牌号码：________________

时间：____年____月____日____时____分

地点：________________________________

因发生________________________，特予抄告。

机动车驾驶人签名：________ 备注：____________

（公安机关交通管理部门盖章）

________年____月____日

一式二份，一份送车辆所属单位，一份留存

制作与使用说明

一、公安机关交通管理部门及其交通民警现场纠正军车或者消防救援车辆交通违法、处理军车或者消防救援车辆交通事故后，依据相关抄告制度，向车属单位抄告军车或者消防救援车辆交通违法/交通事故使用的文书。

二、通过电子档案保存的，可不制作存档联。

三、交通技术监控资料记录的交通违法另行函告车属单位。

式样十

（此处印制公安机关交通管理部门名称）

解除行政强制措施通知书

编号：XXXXXXXXXXXXXXXX

当事人：________________________ 联系方式：________________________

机动车驾驶证号：____

机动车驾驶证档案编号：____

发证机关：______________________ 准驾车型：________________________

身份证明名称：__________________ 号码：____________________________

车辆牌号：______________________ 车辆类型：________________________

因____，依据《道路交通安全违法行为处理程序规定》第二十五条第二款之规定，决定解除________年____月____日____时____分采取的行政强制措施：

□扣留车辆　　　　□扣留机动车驾驶证

□扣留机动车行驶证　　□收缴物品______

（公安机关交通管理部门盖章）

______年____月____日

当事人签名或者捺指印：____________　　______年____月____日

备注：__________________

一式二份，一份送达当事人，一份留存

制作与使用说明

一、交通警察现场采取行政强制措施后，公安机关交通管理部门负责人认为不应当采取行政强制措施的，应当制作《解除行政强制措施通知书》。

二、通过电子档案保存的，可不制作存档联。

式样十一

（此处印制公安机关交通管理部门名称）

机动车未处理道路交通安全违法行为告知书

编号：XXXXXXXXXXXXXXXX

________________：

你所有的号牌号码为__________的机动车，已有_________起未处理道路交通安全违法行为（见附页），请自收到本告知书之日起 30 日内登录“交管 12123”手机 APP 或者到公安机关交通管理部门违法处理窗口接受处理。违法行为人或者机动车所有人、管理人无法在三十日内接受处理的，可以申请延期处理。延长的期限最长不得超过三个月。未在三十日内接受处理，也未申请延期处理的，公安机关交通管理部门将依法作出行政处罚决定。

你对本告知书载明的道路交通安全违法行为事实有异议的，可以通过下列方式提出：

一、登录“交管 12123”手机 APP 在线提出。

二、到公安机关交通管理部门违法处理窗口现场提出。

公安机关交通管理部门地址：______________________________

联系电话：________________________

（公安机关交通管理部门盖章）

_____年____月____日

一式二份，一份交机动车所有人，一份留存

续式样十一

机动车未处理道路交通安全违法行为告知书附页

一、______年____月____日____时____分，在____________________有________________违法行为（代码　　　　　），违反了……的规定，依据……，应当处以……。记____分。

二、______年____月____日____时____分，在____________________有________________违法行为（代码　　　　　），违反了……的规定，依据……，应当处以……。记____分。

三、______年____月____日____时____分，在____________________有________________违法行为（代码　　　　　），违反了……的规定，依据……，应当处以……。记____分。

（依据违法记录情况，从公安交通管理综合应用平台调取相应数据并填写相应信息）

制作与使用说明

一、机动车有五起以上未处理违法行为记录，机动车所有人、管理人或者驾驶人未在规定期限内接受处理且未申请延期处理的，在公安机关交通管理部门作出公告及直接作出处罚决定前，应该制作《机动车未处理道路交通安全违法行为告知书》。

二、对给予吊销机动车驾驶证或者2000元以上罚款处罚的，应当告知当事人有申请听证的权利。

三、通过电子档案保存的，可不制作存档联。

式样十二

（此处印制公安机关交通管理部门名称）

异地处理道路交通安全违法行为告知书

编号：XXXXXXXXXXXXXXXX

机动车驾驶人：________________ 联系方式：________________

机动车驾驶证号：________________________________

机动车驾驶证档案编号：____________________________

发证机关：__________________准驾车型：________________

你于______年____月____日向我支队（大队）申请异地处理号牌号码为______ __________机动车类型为______________的机动车道路交通安全违法行为（见附页）。现就有关事项告知如下：

我支队（大队）将依据《道路交通安全违法行为处理程序规定》第五条之规定，**协助违法行为发生地公安机关交通管理部门调查违法事实、代为送达法律文书、代为履行处罚告知程序，行政处罚决定由发生地公安机关交通管理部门作出，行政处罚执行发生地的标准；机动车驾驶人申请行政复议、提起行政诉讼的，依法向发生地有管辖权的复议机关、人民法院提出。**

特此告知。

（处理地公安机关交通管理部门盖章）

______年____月____日

以上内容已阅读，□无异议 □有异议：__________

当事人签名：____________ ______年____月____日

一式二份，一份交机动车所有人，一份留存。

续式样十二

异地处理道路交通安全违法行为告知书
附页

一、______年____月____日____时____分，在______________有__________________违法行为（代码　　　　　　），违反了……的规定，依据……，应当处以……。记____分。

二、______年____月____日____时____分，在______________有________________违法行为（代码　　　　　　），违反了……的规定，依据……，应当处以……。记____分。

三、______年____月____日____时____分，在______________有__________________违法行为（代码　　　　　　），违反了……的规定，依据……，应当处以……。记____分。

（依据违法记录情况，从公安交通管理综合应用平台调取相应数据并填写相应信息）

制作与使用说明

一、处理地公安机关交通管理部门告知当事人异地违法处理由处理地协助发生地调查违法事实、代为送达法律文书、代为履行处罚告知程序、处罚标准以及复议诉讼管辖机关等内容时，应当制作《异地处理道路交通安全违法行为告知书》。

二、据实填写申请异地处理交通违法行为时间及处理公安机关交通管理部门名称。

三、认真阅读文书告知内容，作出有无异议的选择，并签字确认。

四、通过电子档案保存的，可不制作存档联。

式样十三

（此处印制公安机关交通管理部门名称）

办理注销最高/实习准驾车型业务通知书

编号：XXXXXXXXXXXXXXXX

________________：

你持有的证号为____________的机动车驾驶证，因曾经

□发生交通事故造成人员死亡，承担同等以上责任，未构成犯罪；

□在一个记分周期/实习期内有记满12分记录；

□连续三个记分周期不参加审验；

□在延长的实习期内再次记6分以上。

根据《机动车驾驶证申领和使用规定》第xx条、第xx条有关规定，该机动车驾驶证□最高/□实习准驾车型驾驶资格将被依法注销。请在30日内到违法行为发生地或者驾驶证核发地车辆管理所办理换证业务。逾期未办理的，机动车驾驶证□最高/□实习准驾车型将依法公告作废。自即日起，你不能继续驾驶准驾车型为______的机动车。

如有异议，可以在收到本通知书之日起15日内向____________________书面申请审核。

（公安机关交通管理部门盖章）

______年____月____日

驾驶人签名：__________　　　　______年____月____日

备注：________________

一式二份，一份送达当事人，一份留存

制作与使用说明

一、对大中型客货车和实习期驾驶人一个记分周期内或者实习期内达到12分、延长实习期内达到6分、连续三个记分周期未参加审验的，要当场制作《办理注销最高/实习准驾车型业务通知书》，交由驾驶人签字，并告知、督促及时办理满分学习、降级注销业务。

二、通过电子档案保存的，可不制作存档联。

式样十四

（此处印制公安机关交通管理部门名称）

道路交通安全违法行为异议确认书

当事人：________________________联系方式：______________

身份证明名称：__________________号码：__________________

当事人依据《道路交通安全违法行为处理程序规定》第二十二条规定申请消除号牌号码为______________、机动车类型为______________的机动车违法行为记录（见附页）。

当事人已提交以下证据：

1. ____

2. ____

……

当事人签名：________________

_____年____月____日

续式样十四

道路交通安全违法行为异议确认书附页

机动车驾驶人申请消除以下道路交通安全违法行为：

一、______年____月____日____时____分，发生在______________的违法行为（代码　　　　　　），……（此处依据应当消除的具体理由或者机动车驾驶人提出的异议，据实填写申请消除的理由）。

二、______年____月____日____时____分，发生在______________的违法行为（代码　　　　　　），……（此处依据应当消除的具体理由或者机动车驾驶人提出的异议，据实填写申请消除的理由）。

<u>（依据当事人申请消除或者提出异议的道路交通安全违法行为数量及具体理由续写）</u>

制作与使用说明

一、处理地依据机动车驾驶人申请异地处理道路交通安全违法行为时发现，或者机动车驾驶人提出证据证明，道路交通安全违法行为有《道路交通安全违法行为处理程序规定》规定的应当消除情形或者机动车驾驶人对违法事实有异议的，由公安机关交通管理部门制作《道路交通安全违法行为异议确认书》，并根据当事人陈述填写相应内容，交当事人签字确认后，由处理地公安机关交通管理部门通过公安交通管理综合应用平台转递发生地公安机关交通管理部门调查处理。

二、机动车驾驶人申请消除或者提出异议的道路交通安全违法行为信息，由处理地公安机关交通管理部门通过公安交通管理综合应用平台调取后，制作《道路交通安全违法行为异议确认书附页》（续式样十四）。

式样十五

（此处印制公安机关交通管理部门名称）

机动车所有人/管理人/驾驶人联系方式、送达方式确认书

当事人：____________________

机动车驾驶证号：______________________________

身份证明名称：_______________ 号码：____________

本人同意按照以下送达方式接受道路交通安全违法行为通知、送达相关法律文书：

☐邮寄地址：______________________________

☐移动互联网应用程序名称及用户名：______________

☐移动通信方式及号码：______________________

☐电子邮箱：______________________________

重要提示

一、当事人应当如实提供联系方式及送达方式。

二、因当事人提供的联系方式或者送达方式不准确，导致无法送达或未及时送达的，由当事人承担法律后果。

本人声明

我已阅读本确认书的告知事项，按照表格要求如实提供了本确认书相关信息，并确认上述送达地址等内容准确、有效。

当事人签名：____________

______年____月____日

制作与使用说明

一、机动车所有人、管理人或者驾驶人处理违法行为和交通事故、办理机动车或者驾驶证业务时，由公安机关交通管理部门制作《机动车所有人/管理人/驾驶人联系方式、送达方式确认书》，并根据当事人陈述填写相应内容，交当事人签字确认后，上传公安交通管理综合应用平台。

二、当事人可以选择邮寄地址、移动互联网应用程序、移动通信、电子邮箱中的一种作为送达方式。

三、当事人应当认真阅读**重要提示**和**本人声明**的内容。